AF573552

QUELQUES FRAGMENTS

DE

L'ESSAI SUR LES ENGRAIS

ET LES AUTRES SUBSTANCES

QUI SERVENT EN ITALIE POUR L'AMÉLIORATION DES TERRES,

ET SUR LA MANIÈRE DE LES EMPLOYER,

Par le chevalier Filippo Ré,

PROFESSEUR D'AGRICULTURE A L'UNIVERSITÉ DE BOLOGNE (1810).

traduit de l'italien

PAR M. PHILIPPE BEAULIEUX,

PRÉSIDENT DE LA SECTION D'AGRICULTURE, DU COMMERCE ET DE L'INDUSTRIE DE LA SOCIÉTÉ ROYALE ACADÉMIQUE DE LA LOIRE-INFÉRIEURE.

NANTES,

IMPRIMERIE DE Mme Ve CAMILLE MELLINET.

1846.

NOTICE BIOGRAPHIQUE.

Philippe Ré, célèbre agronome, naquit à Reggio, en 1763, et mourut à Modène, en 1817. Dès le bas âge, il manifesta le penchant le plus vif pour les fleurs. A peine sorti du collége, ce jeune homme s'adonna à la botanique, dans un jardin qu'il avait lui-même planté et qu'il cultivait de ses propres mains, avec un soin particulier; mais cette étude, si pleine d'attraits, ne pouvait suffire à l'activité de son esprit. Il devait, tôt ou tard, y adjoindre une science plus positive, plus sérieuse, et mieux en rapport avec l'étendue de son génie.

Ré choisit donc l'agriculture. Dans cette science, si utile, les maîtres des temps anciens, Hésiode, Caton, Varron, Columelle et Palladius; et Pietro Crescenzio au

XIII.ᵉ siècle, avec Camillo Tarello au XVI.ᵉ siècle, et les agronomes célèbres de nos jours, en Allemagne, en Angleterre et en France, devinrent les objets continuels de ses profondes méditations.... Ensuite, retiré dans la solitude des champs, il se livra à la culture des sols de diverses qualités, des arbres et de l'élève du bétail. Ses études furent longues, opiniâtres, et ses essais nombreux durèrent pendant plus de dix ans, et lui acquirent enfin une expérience consommée dans toutes les branches de la science agricole.

Cette réputation incontestée de théorie et de pratique n'attira pas inutilement sur lui les regards de ses concitoyens. Le Pouvoir d'alors, rémunérateur de tous les mérites, s'empressa de le nommer professeur d'Agriculture au lycée de Reggio, fonctions modestes, mais qu'il remplit avec un zèle si digne d'éloges, que la conduite et le talent du professeur furent promptement remarqués. On décida de récompenser noblement l'activité et la science de cet illustre italien. Nommé successivement chevalier de l'ordre de la Couronne de Fer, et gouverneur de Reggio, il administra de manière à conquérir les sympathies de tous les citoyens. Bientôt Ré fut appelé à la chaire d'Agriculture de l'Université de Bologne, la plus célèbre des Universités de ce temps, où il enseigna avec la distinction la plus grande. Un auditoire constamment nombreux, attentif, composé de disciples de tous âges, de tous partis et de toutes professions, cultivateurs, citoyens, ecclésiastiques, assistait à ses leçons si variées, si intéressantes, non-seulement par la science, mais encore par la modestie et l'aménité des manières du professeur. A sa voix éloquente, il se forma, en peu de temps, une multitude d'agriculteurs, théoriciens et praticiens; et ceux-ci se répandirent sur différents points en Italie, où leur exemple a contribué puissamment à multiplier le nombre des cultures modernes, qui ont rendu la fécondité et la richesse à ce sol appauvri, dévasté, par les marches et les contre-marches, le passage et les guerres des Autrichiens, des Français et des Russes, depuis 1794 à 1815.

C'est à Bologne, dans cette ville devenue, pendant vingt ans, le théâtre de ses succès, que ce savant agronome, cet autre *Olivier de Serres* de la haute Italie, publia ses *Éléments d'Agriculture*, qui obtinrent l'*honneur* de servir à l'*instruction publique*, et furent imprimés à sept éditions, dont trois successivement et quelques années après leur apparition. Ce livre remarquable valut à son auteur une immense autorité de science en Italie, et une réputation européenne.

Parmi les nombreux ouvrages (24, formant 54 vol. in-8.°), tous plus utiles les uns que les autres, dus à la plume de Philippe Ré, nous ne devons pas omettre de citer son *Essai sur les Engrais*. Ce livre fit époque. Il fut traduit en français par M. Dupont, en 1812, et mérita au traducteur une médaille d'or que lui décerna la Société d'Agriculture du département de la Seine.

Ce qui donne à tous les ouvrages de Ré une autorité si grande par toute l'Italie, c'est le soin que prenait l'auteur de n'avancer rien en pratique qu'il n'eût vérifié par lui-même ou fait vérifier sur les lieux. Cette qualité inappréciable est rare; et elle est fort peu imitée aujourd'hui que les écrivains d'Agronomie étudient dans leurs cabinets les théories dont ils ne font jamais, ou du moins rarement, l'application dans les champs.

Pour nous, ce serait sans doute une présomption fort grande que de chercher à traduire l'*Essai sur les Engrais*, après la traduction que nous a donnée M. Dupont ; mais cette belle et estimable traduction manque dans le commerce de la librairie.

L'édition unique étant épuisée depuis fort longtemps, nous avons pensé qu'une version nouvelle, mais augmentée de *notes* destinées à rectifier quelques principes défectueux avancés par Ré, et qui missent ce livre au niveau des progrès de la science du XIX.[e] siècle, ne serait pas inutile pour faire apprécier, en France, à notre jeune génération, combien l'art des engrais était étudié avec intelligence et déjà avancé, dans la haute Italie, dès l'année 1810.

L'agronome de Reggio, dans la préface de son livre, se plaint avec une sorte d'amertume de ce que les doctrines et les méthodes de l'agriculture italienne ne sont pas appréciées au-delà des monts, parce qu'elles n'y sont pas très-connues.

Tout en admettant la justesse de cette plainte, en ce qui concerne la France, nous nous faisons un devoir de condescendre au désir de l'auteur et de faire connaître, aux habitants de nos champs et aux citoyens dans les villes, ce que nos voisins de la Péninsule italique ont tenté d'efforts constants, toujours avec les plus grands succès, pour rendre florissant l'art de l'éducation du bétail, de la culture des arbres, des champs, des prairies et des vignes. Du reste, les états de Milan, la Lombardie et le

Piémont, en offriraient la preuve, s'il en était besoin, dans toute l'étendue de leur territoire.

C'est une justice, mais un peu tardive, que nous devons rendre à ces belles et riches contrées, et la constater publiquement. Aussi, l'œuvre de Ré, telle que nous l'offrons à nos concitoyens, n'est en somme, nous le déclarons hautement, qu'une reproduction fidèle, pour la forme et le fond, des idées de l'agronome italien, et qui doit flatter l'amour-propre de ses compatriotes.

Que le mérite en revienne donc à lui seul; quant à nous, simple interprète de ses savantes doctrines, nous nous estimerons fort heureux d'avoir, par nos études, aidé à vulgariser, en notre pays de France, la science (1) de l'illustre professeur que regrettera toujours l'Université de Bologne, et qu'elle ne remplacera jamais.

PHELIPPE-BEAULIEUX.

---

(1) Parmi les excellents et nombreux ouvrages de Ré, nous avons donné la préférence à l'*Essai sur les Engrais*, aux *Nouveaux Éléments d'Agriculture* et au *Traité théorique et pratique sur les maladies des plantes*, parce que ces trois ouvrages forment un *cours* à peu près *complet de l'agriculture lombarde*. La culture du royaume lombard vénitien, si supérieure aux autres cultures, en ce qui concerne l'établissement, la conservation et l'irrigation des prairies, mérite d'être plus connue et mieux appréciée qu'elle ne l'est, jusqu'à présent, en France et en Europe. Notre traduction française formera 6 volumes in-8°. Il y en a déjà trois de traduits, et les trois autres seront achevés avant 1847.

PRÉFACE.

Parmi nos concitoyens, il est très-peu d'écrivains qui se soient particulièrement occupés d'écrire sur les engrais; et même ceux qui ont pris cette tâche ne montrent pas le désir que leurs ouvrages soient lus par les personnes qui, plus que les autres, seraient en position de profiter de ces instructions. Les *Recherches sur les Engrais*, de M. *Giobert* de Turin, le plus bel ouvrage qu'ait vu naître l'Italie; en outre, livre très-célèbre auprès des agronomes étrangers; et les *Notes sur l'état statistique des Engrais en Europe*, de M. l'inspecteur *Gautier* de Novare, contiennent une foule de doctrines fort remarquables sans doute, et qui outre-passent la capacité de ceux qui méditent les écrits des agronomes, non pour un simple motif de curiosité, et se tenir en état de pouvoir raisonner sur l'agriculture dans les réunions de gens oisifs, mais afin d'y puiser des connaissances qui leur servent à améliorer la pratique de cet art. « Il nous manque un livre, me disait un » bon agronome adonné à la simple pratique, un livre » qui, en nous présentant la liste des substances susceptibles de rendre fertiles les terrains, accompagnât cette » nomenclature de quelques réflexions, et des avis les » plus certains pour les employer avec profit. Mais ce livre » ne devrait contenir qu'une relation exacte de nos pratiques les meilleures, sans être paré de cette pompe de » théories chimiques, étalée, pour l'ordinaire, à la honte » de notre intelligence, érudition dont les auteurs ont » coutume aujourd'hui de revêtir les préceptes d'agriculture. Tel est le motif pour lequel la majeure partie des » amateurs de travaux rustiques n'accueillent pas d'un fort » bon œil ces ouvrages fréquemment publiés. Nous autres » simples habitants des champs, nous qui voulons aussi » être considérés comme tels par notre intelligence, en » dirigeant et surveillant l'exploitation de notre domaine, » nous n'avons pas une grande confiance dans les travaux » de ces savants qui nous prescrivent l'usage de telle ou » telle substance. Assurément, ces citoyens peuvent être » des gens de mérite, ils peuvent fort bien raisonner; » mais ont-ils recueilli des faits généraux, ou du moins » des pratiques, sur une suffisante étendue du pays, qui » nous confirment dans les opinions qu'ils avancent?... » Nous aurions besoin qu'on nous fît connaître l'histoire » complète de toutes les pratiques mises en usage dans un » pays ou dans un autre, et ces documents nous feraient » adopter, moins difficilement, certaines méthodes que

» nous ne connaissons qu'imparfaitement, ou qui sont » peut-être usitées ailleurs, ou puisées dans quelques » livres publiés au-delà des monts ou au-delà des mers, » climats différents où il doit nécessairement exister une » agriculture différente de la nôtre. »

Après avoir entendu plusieurs fois les agriculteurs me répéter de semblables discours, et après avoir repassé dans ma mémoire les diverses expériences en Italie relativement à la fumure des terrains, il me survint à l'esprit de tâcher de répondre aux désirs d'une foule de laboureurs, avides de s'instruire sur cette matière importante. Arrêté à l'opinion que la méthode la plus sûre, mais non la plus glorieuse, pour un écrivain qui puisse exciter les praticiens à la réforme de l'agriculture et à l'introduction d'une innovation avantageuse, est la méthode de présenter les faits, avec tous les détails qui les ont accompagnés, en préférant toujours l'histoire des bonnes méthodes nationales quand il en existe, je me disposai donc à me procurer toutes les notions possibles, relativement aux substances qu'on emploie en Italie pour l'amélioration des terrains. Je consultai *Tarello*, *Gallo*, *Tanaro*, avec *Scopoli* et *Harasti*, quoique ces deux derniers n'appartiennent pas au pays, bien qu'ils aient écrit dans notre langue. Aucun de ces écrivains, hormis *Giobert* et *Gautier*, n'a donné un catalogue très-étendu des engrais, et même les auteurs font rarement mention de la manière de les préparer, de l'époque où l'on doit les employer, ni des procédés les plus avantageux d'en faire usage. Chaque auteur, en général, suppose que les substances dont il parle sont également mises en usage dans tous les lieux. C'est une erreur. A ce point que plusieurs sortes d'engrais dont on fait ailleurs un fort grand usage, dans quelques localités sont entièrement dédaignées ou inconnues.

Ne pouvant puiser que peu de renseignements dans les livres, je me tournai vers mes amis et connaissances répandus par toute l'Italie, qui m'honorent de leurs correspondances amicales et scientifiques, et les priai instamment de me communiquer ce qui se pratique, dans les différentes provinces, relativement à cet important objet d'économie rurale; et je pris toutes les précautions afin qu'on m'expédiât avec sûreté les instructions que j'avais demandées, et qu'on m'évitât le péril d'être trompé, comme celui qui se trouve dans la nécessité de faire de l'érudition grâce aux recherches d'autrui. Quoique mes concitoyens aient répondu avec une extrême obligeance à mes nombreuses demandes, je me suis vu privé de beaucoup d'observations, et dont je ne pouvais faire usage parce qu'elles n'étaient pas assez détaillées.

C'est pourquoi, dans cette pénurie de la quantité de matériaux que j'aurais voulu obtenir pour terminer cet ouvrage, j'étais déjà résolu à m'abstenir d'une telle entreprise, lorsque, venant à examiner, avec plus d'attention, les observations qu'on m'avait transmises, j'eus occasion de remarquer que l'article des engrais est encore plus approfondi en Italie que ne le pensent, en général, nos concitoyens, et beaucoup plus que ne le supposent les étrangers. Je vis cependant que l'on ne fait pas également usage partout des mêmes substances, quoique l'on connaisse fort bien les meilleures méthodes de pratiquer la fumure. Il me semble qu'en offrant l'histoire des diverses manières d'engraisser les terrains, et mettant tous les agriculteurs en état de connaître les substances dont on fait usage seulement çà et là, j'aurai pu répondre, en partie, aux désirs des personnes qui veulent s'instruire sur cette matière. Je remarquais aussi que, fort souvent, nos laboureurs ont tort de se plaindre de la rareté des engrais, parce que les engrais qui leur manquent sont en très-petit nombre, et que nous pouvons, avec ceux que nous possédons, suppléer facilement à ceux que nous n'avons pas.

Ces réflexions me déterminèrent, pendant les loisirs des vacances, à coordonner un ouvrage, à l'aide de tous les documents que j'ai pu recueillir sur cette matière. J'ai entrepris ce travail d'autant plus volontiers, que je me suis fait illusion de pouvoir présenter une simple preuve de la vérité que j'ai souvent proclamée, en ces termes, savoir que nous Italiens, nous ne devons chercher les instructions agronomiques que dans nos champs, sans avoir besoin de recourir aux étrangers; mais que, pour réussir dans cet art, il faut une connaissance très-précise de nos pratiques si variées des champs, les examiner dans tous les détails, renoncer enfin à cette idée si avantageuse qu'a chaque agriculteur de la culture de sa villa, de sa ferme, pour ne pas dire non plus de son petit champ, tout en reconnaissant, ce qui est conforme à la vérité, que chaque habitant de la campagne peut devoir au hasard quelque pratique bonne à imiter. L'on remarquera, je l'espère, en parcourant la notice des divers engrais dont on fait usage hors de l'Italie, et les méthodes adoptées ailleurs pour les préparer et les appliquer au sol, que très-peu de ces engrais et de ces méthodes nous sont inconnus, sans omettre encore de mentionner si, sur quelques points, nous ne pouvons pas être supérieurs aux étrangers. Le plus bel ouvrage que nous connaissions, qui ait obtenu, à bon droit, les plus grands éloges, ouvrage dont j'aurai occasion de citer quelques fragments, et que j'aurais traduit en italien, si j'en avais eu le loisir, c'est le Traité des Engrais de M. *Maurice*, auquel sont réunis le Mémoire de M. *Kirwan* et l'Essai de sir *Arthur Young*. Abstraction faite des belles et sublimes théories que l'on rencontre dans ces ouvrages, chacun pourra vérifier la liste des engrais dont nous parlons, et la confronter avec ceux que l'on trouvera mentionnés dans cet essai ; après avoir aussi comparé nos méthodes d'application, il décidera ensuite si les cultivateurs, en Italie, sont beaucoup inférieurs, sous ce rapport, à ceux qui habitent au-delà des monts.

Je n'ignore pas, et c'est l'opinion d'un fort grand nombre de personnes, que les pratiques de l'agriculture italienne sont très-inférieures aux pratiques étrangères que l'on a l'habitude de vanter, tandis que ces personnes connaissent à peine les nôtres. Telle personne cite fréquemment les auteurs des pays étrangers, et ne connaît aucunement les écrivains qui ont pris naissance dans notre péninsule. Il est facile de voir, d'après ce qui précède, que la défaveur dans laquelle tant de citoyens tiennent l'agriculture italienne, vient, en grande partie, d'une sorte de manie que possèdent quelques écrivains qui veulent se montrer érudits, seulement à l'aide de livres étrangers, afin d'acquérir par là une certaine réputation hors de l'Italie.

Ensuite, ceux qui lisent les auteurs français remarquent

que ces auteurs exaltent au plus haut degré l'agriculture de l'Angleterre, tandis qu'ils parlent rarement de la nôtre; sorte de silence qui confirme le peu d'estime qu'ils en font. Toutefois, c'est ici l'occasion de montrer que ce procédé n'a pas été imité par tous les agronomes de la France. A cet égard, il suffira de nommer *M. André Thouin*, et la très-célèbre *Société d'Agriculture* du département de la Seine qui tient son siége à *Paris*. *Thouin* a rendu justice à notre agriculture, et cette *Société* aux travaux agricoles de nos concitoyens. Mais, pour moi, je me bornerai à dire, indépendamment de ce que notre langue est peu connue au-delà des frontières, que si les méthodes d'agriculture de la Péninsule sont ignorées, cela provient de ce que personne ne se donne le soin de les publier. Quiconque examinera la chose à fond et sans préjugé, reviendra promptement de cette indifférence. Dans le but d'engager nos concitoyens à entreprendre une telle sorte d'examen, je me suis disposé à faire cet ouvrage, qui pourra peut-être exciter les autres à révéler à l'Europe nos excellentes méthodes de culture. A l'effet d'accomplir ce dessein, je me suis décidé à ne m'écarter jamais de ce point important que j'écris uniquement pour la classe des personnes qui s'occupent d'agriculture par profession ou pour la conservation de leurs propres intérêts. C'est pourquoi j'ai fait précéder cet ouvrage de quelques notions qui concernent la manière d'agir des engrais et des amendements en général. Je n'ai point établi de division méthodique. A chaque substance, tout au plus, j'ai consacré un chapitre particulier. D'après l'opinion générale des auteurs, j'ai tracé l'historique des pratiques qui concernent les engrais et les amendements, indiquant avec soin tous les lieux où l'on en fait usage; indication fort utile pour faciliter, à qui pourra jamais en avoir besoin, la voie de vérifier toutes leurs assertions. Surtout je me suis fait un soin scrupuleux, autant que j'ai pu, de raconter, dans les termes les plus précis, les différentes méthodes relatives à la conservation et à la préparation de chaque substance, la quantité qu'on emploie, l'époque où l'on en fait usage, et enfin le sol le plus convenable pour obtenir le meilleur produit. Je n'oublie pas d'y ajouter les conseils et les réflexions que je dois à une longue expérience; car les observations et les besoins de notre agriculture ayant principalement en vue le royaume d'Italie, je suis porté à croire que mes conseils lui peuvent être de la plus grande utilité. J'ajoute quelquefois des méthodes inconnues parmi nous, que je tire, avec profit, du *Traité des Engrais de Maurice*, ou de la partie de la *Bibliothèque britannique* qui concerne l'agriculture. Bien que je ne me sois pas répandu en théories, ne voulant rien ravir à la concision dont j'ai besoin, et qui est d'un prix recherché des lecteurs auxquels mon travail est consacré, je ne laisse pas encore d'ajouter quelques raisonnements, afin de persuader l'opportunité ou la convenance de l'une ou de l'autre pratique. L'économie des engrais est précédée de leur énumération. Cet article est le plus essentiel, quoiqu'il soit généralement peu entendu. C'est pourquoi je me propose de lui donner une extension convenable. Il m'a été nécessaire de nommer les différentes mesures en usage dans les pays dont je parle, et j'ai cru pouvoir réunir l'agréable à l'utile, pour tous, en donnant les tables de comparaison entre les mesures anciennes et les nouvelles, et les poids anciens et les nouveaux. Enfin, pour clore la liste, j'ai donné la table des poids et mesures anglais comparés aux poids et mesures dont on fait usage en France, et tels qu'ils ont été récemment établis dans le royaume d'Italie.

Je dois encore ajouter une chose importante, à laquelle je prie tous les lecteurs de faire attention. Quiconque ne veut lire que pour rencontrer des choses nouvelles, qu'il ne jette point les yeux sur ce livre, car il ne contient pas une seule ligne de choses absolument neuves, bien qu'il puisse contenir des notions inconnues à plus d'une personne. Je désirerais aussi que l'on sût que je ne veux avoir nulle autre part à ce livre que celle de simple compilateur, bien loin d'imiter la coutume d'une foule de personnes qui, en copiant, traduisant et travestissant les livres étrangers, veulent se rendre célèbres aux dépens d'autrui, sans indiquer les sources où ils ont puisé leur érudition. Pour moi, je m'empresse de transcrire, plus bas, la liste contenant les noms de tous les honorables citoyens qui ont véritablement composé cet ouvrage, en me communiquant les renseignements que l'on verra en le lisant, et je saisis cette occasion pour leur témoigner tous mes remercîments, parce que ce sont eux qui ont accompli ces travaux, excités chez moi par la seule et unique espérance où je suis de pouvoir être non entièrement inutile à la pratique de l'agriculture en Italie. . . . .

. . . .

CHAPITRE VIII.

Des urines.

Ce n'est que dans quelques localités seulement du *Vicentin*, qu'on trouve établi l'usage de recueillir les urines, avec les autres égouts, dans des fosses au fond desquelles l'on jette à pourrir les pailles et les débris de fourrage des vallées : et ensuite, le cultivateur reporte ces matières sur le monceau de fumier. Cette méthode est excellente, quand l'urine surabonde de manière qu'il y en ait toujours une assez grande quantité pour tenir les fumiers constamment humides, comme je l'ai déjà indiqué en parlant de leur conservation.

Cette méthode est encore mise en usage, dans le *Macerate*, pour l'arrosement des jardins. Mais les habitants ont la prudence de mêler une suffisante quantité d'eau, qui puisse à volonté en diminuer l'effet, jusqu'à rendre, à peu près nulle, l'énergie de ce liquide, lequel pourrait brûler les parties tendres des plantes qu'il viendrait à toucher.

En général, les urines ne sont pas recherchées avec tous les soins dont elles pourraient être l'objet, c'est une remarque que j'ai faite quand j'ai signalé les défauts qui existent pour les fumiers d'écurie. Cette modique portion de liquide qui va s'écoulant des étables et des bergeries sur le monceau, le convertit en un fumier d'une qualité excellente. Mais encore, j'ai vu quelques agriculteurs qui, sous la matière des fumiers, étendent, quand ils en ont enlevé la masse, une couche de terre que les urines fertilisent, en s'y incorporant; et ensuite ils transportent cette terre sur les prairies, où elle devient un excellent amendement. Cette sorte d'industrie est principalement pratiquée, par quelques agriculteurs expérimentés, dans la province de *Reggio.*

J'ai déjà indiqué comment on peut retirer le plus grand profit de l'urine des bestiaux. Ici, j'ajouterai que, pour le cultivateur qui s'adonne à la culture des fruits et des légumes, il est nécessaire d'établir des réservoirs destinés à la conservation de l'urine de l'homme, qui est assurément la meilleure de toutes les urines. En mêlant ce liquide avec des cendres, du charbon, des copeaux de bois, des substances osseuses, fuligineuses et si l'on veut encore avec de la chaux, on pourrait l'employer utilement pour les arbres, les paturages et surtout pour les vignes.

CHAPITRE IX.

Du parcage des troupeaux.

C'est une méthode générale, et qui est connue en *Italie*, depuis les temps les plus reculés, que la coutume de faire parquer les troupeaux, en les conduisant aux champs, aux pâturages, et en les y laissant renfermés dans une enceinte qui les force à passer la nuit sur un point désigné. Le berger change de lieu la nuit suivante, et il continue de la sorte jusqu'à ce que le troupeau ait parqué sur toute la surface du terrain qu'il veut amender.

Je rencontre cet usage fréquemment établi, dans les sols montagneux, et dans les plaines, c'est-à-dire dans tous les lieux qui offrent une pénurie de fumiers d'étable ; par exemple, dans le *Bolonais*, où les agriculteurs, à l'aide de cette méthode, fécondent les champs destinés aux chanvres.

Quelques propriétaires, dans les collines de *Brianza* adjacentes au département de *Lario*, appellent, à l'entrée de l'hiver, les bergers, auxquels ils fournissent les clôtures, et les bergeries convenables, pour contenir les troupeaux sur les lieux qu'ils veulent faire parquer. En retour de ce parcage, les bergers conviennent que le propriétaire leur fournira une nourriture quotidienne qui consiste dans une ration de polenta avec une petite mesure de vin. Le temps que le troupeau reste en place, ne dépasse pas quarante jours. Au propriétaire du lieu, reste le fumier qui se trouve dans la bergerie. Ce fumier, qu'on laisse fermenter pendant quelques mois, en y ajoutant de la bruyère et de la paille, forme un engrais très-énergique qui sert à la culture du blé.

Ils ont coutume, dans le *Cremonais*, d'envoyer les troupeaux parquer dans les champs qui sont vides depuis septembre jusqu'en mai ; ou dans les prairies, pendant le cours de l'hiver, c'est-à-dire avant la végétation de l'herbe, à Notre-Dame de mars, le 25 du mois. Quelques cultivateurs n'adoptent pas volontiers cette coutume, parce qu'ils prétendent que ces animaux causent du dommage aux trèfles. Dans la plaine de *Macerate*, on fume ainsi, mais seulement pendant l'été.

En *Italie*, sur la fin de l'été, et plus particulièrement

en automne, les habitants pratiquent le parcage. De la sorte, ils fument les terres pour le grain d'automne, et pour le blé de mars, non moins que pour le *blé de Turquie*. Le parcage est pratiqué dans les états de *Naples*, et surtout dans la *Pouille*, où les troupeaux sont très-nombreux.

Les bergers de la *Toscane* abandonnent les Maremmes, à l'entrée d'avril. Dans le trajet qu'ils parcourent de la plaine à la montagne, ils sont invités, par les fermiers, à s'arrêter dans les champs que ceux-ci veulent labourer, et les fermiers prennent l'engagement de traiter favorablement les bergers, c'est-à-dire, de leur procurer gratuitement des vivres, à eux et à leurs troupeaux. A peine le parc est-il enlevé, qu'ils labourent le champ. Les bergers, pour nourrir leurs troupeaux, pratiquent la même méthode, quand de la montagne ils retournent dans les Maremmes, vers le mois d'octobre, et ils parquent dans les terrains déjà labourés et préparés pour les semailles. Dès que la fumure est achevée, les laboureurs sèment le blé, qui croît avec une énergie peu ordinaire. Dans les environs, les cultivateurs font encore usage de cette méthode telle qu'on l'emploie ailleurs.

Après avoir observé plusieurs fois cette méthode de parcage, spécialement dans la montagne, et quelquefois aussi dans la plaine, je ne puis faire moins que d'y ajouter diverses réflexions. Je désirerais premièrement qu'on pût résoudre ce problème, à savoir, si le parcage des troupeaux est véritablement le meilleur moyen de recueillir le fumier que fournissent les bêtes ovines, ou s'il conviendrait mieux de tenir ces bêtes renfermées dans la bergerie, suivant la coutume des *Suisses* et des autres peuples ?... Quand je réfléchis aux voyages que l'on fait faire à ces animaux, et par conséquent à la perte des substances excrémentielle qui en provient; quand je vois qu'en les faisant parquer sur les côtes, outre l'activité de l'air, et l'ardeur du soleil, qui rendent inutile une portion des principes fertilisants, le premier orage, un peu violent, en entraîne la plus grande quantité; quand je remarque le plus souvent encore que, dans les lieux où l'on renferme les troupeaux pour parquer, à peine y a-t-il une seule perche d'herbe verte, je conviens que je ne suis pas disposé à croire que cette méthode soit la meilleure. Un vaste parc, établi près des lieux où l'on peut avoir un bon pacage pour les troupeaux, afin qu'en changeant de place, ils puissent avoir d'amples prairies, suivant le changement des saisons, me semble préférable pour obtenir le meilleur fumier. Même l'expérience de quelques petits propriétaires vient à l'appui de mon opinion. Ensuite, ceux auxquels il importe de conserver la laine, doivent renoncer à la méthode du parcage; sinon ils ne feraient que hâter la ruine de leur industrie.

Toutefois, si l'on veut amender les fonds, à l'aide du parcage, je regarde comme indispensable, d'en retrancher quelques inconvénients que je trouve communs en tous lieux. Premièrement, les bergers doivent nourrir avec abondance les troupeaux, pendant le jour, en leur donnant des aliments verts, ou du moins des racines fourragères. Ils leur donneront un copieux breuvage dans lequel ils auront soin de jeter du sel, substance qui les force à boire plus fréquemment. Il est reconnu que l'urine des troupeaux est un excellent engrais. Quand l'été devient excessivement sec, l'avantage que l'on peut retirer du parcage est fort mince, en comparaison de la maigreur que ces animaux éprouvent par la pénurie de la nourriture. Au contraire, si la saison devient pluvieuse, chacun doit comprendre le dommage que les troupeaux causent, par leur marche, dans les terrains argileux, dommage fort supérieur à l'avantage que l'on peut retirer de la fumure. Quelques bergers, selon l'usage que j'ai remarqué dans la plaine, laissent un très-large espace aux troupeaux pour parquer. Mais de là il résulte que celles des parties du fonds qui sont couvertes d'herbes, sont bien amendées, tandis que les autres demeurent privées de ce bienfait. Ensuite, il faut leur assigner un espace proportionné. Mais aussi, il importe beaucoup de leur faire éviter le défaut contraire, que j'ai vu dans la montagne, c'est-à-dire, de tenir le bétail très-serré. Quelques agronomes prétendent qu'il est nécessaire de laisser seize palmes carrés environ par chaque tête, afin que le parcage puisse avoir lieu d'une manière avantageuse. Mais cet espace doit varier souvent en raison des bêtes ovines plus ou moins grosses, du champ plus ou moins vaste, et aussi de la quantité plus ou moins abondante des aliments qu'elles peuvent recueillir. Celui qui posséderait une assez grande quantité de fourrage et le répandrait sur le champ où il fait parquer son troupeau, obtiendrait, par là, le plus grand bénéfice qu'on pût désirer. Il est de nécessité de faire parquer les troupeaux sur les points culminants des montagnes où l'on ne peut, par aucune manière économique, faire voiturer les fumiers. Je sais que quelques laboureurs sont d'avis qu'on ne doit point labourer les terrains, aussitôt que le parcage a cessé. Quant à moi, du moins, en traitant des sols montagneux, je ne saurais être de cette opinion. Aussi me suis-je conformé, en général, à l'expérience de quelques montagnards, qui font usage de l'une et de l'autre méthode, et je pense qu'il convient de fendre légèrement le sol avec la charrue immédiatement après le parcage et de semer de suite; parce qu'il faut pouvoir user de cette sorte de fumier peu de temps avant les semailles. *Arthur Young*, de son côté, conseille de faire parquer dans les terrains légers et sablonneux, après les semailles et même quand le blé est levé, parce que le piétinement des troupeaux donne au terrain de la consistance, raffermit les racines et produit un excellent effet.

CHAPITRE X.

Des déjections de l'homme.

Il n'y a peut-être pas de canton, en *Italie*, où l'on ne fasse plus ou moins cas des matières stercorales, que l'on reçoit dans les retraits. Les habitants, dans une grande partie des villes, ont soin de faire vider ces retraits de temps en temps. Il est fort peu de personnes qui, possédant des canaux souterrains, pour l'égout des eaux, renoncent à cette sorte d'engrais, très-utile. Dans les lieux découverts, et quelquefois dans les bourgs, si l'on manque de ces amendements, c'est souvent parce que les habitants manquent de lieux convenables pour les conserver. J'ai vu, il n'y a pas même longtemps, pour cette conservation, introduire l'usage de construire, dans les maisons de fermiers, de vastes lieux d'aisances, où le chef expérimenté exigeait que chacun des membres de la famille et ses domestiques se retirassent pour vaquer aux besoins de la nature. J'ai été assuré, par plus d'un laboureur, que ce fonds en recevait un fort grand avantage, sans que j'aie besoin d'en fournir la preuve; et cependant les voisins regardaient ce chef comme un homme bizarre, capricieux.

Il y en a fort peu qui réunissent la matière des retraits au reste des fumiers, et qui n'en fassent pas un usage particulier en la destinant spécialement aux herbages, aux champs à chanvre, au lin, et quelques-uns, même aux prairies et aux grains, non moins qu'aux arbres à fruits. Cependant très-peu l'emploient pour les arbres. Les agronomes au-delà des monts, ont coutume de s'occuper plus amplement de cette excellente espèce d'engrais; et, parmi eux, j'ai lu un mémoire assez détaillé de *M. Saladin*, Secrétaire de la Société d'Agriculture du *Nord*, sur la manière de se servir des déjections humaines, pour fumer les terres dans les environs de Lille. Le célèbre M. *Tessier*, Rédacteur des Annales de l'Agriculture Française, en traitant ce qui concerne les fumiers, cite M. *Maurice* et *Arthur Young*. Jamais, du reste, ni dans ceux-ci, ni dans ceux-là, je n'ai remarqué qu'on parlât des différentes méthodes italiennes, pour préparer et se servir de cette sorte d'engrais. Ensuite, l'on me permettra de m'étendre quelque peu sur cet article important, dans le but d'exciter les agriculteurs à en prendre un peu plus de soins, pour en faire un usage judicieux, là où l'on ne le pratique pas, et pour corriger ce que, par défaut de lumières plus précises, j'ai déjà dit, dans mon *Traité des*

Éléments d'Agriculture. Je me contenterai seulement de rapporter les différentes méthodes employées, depuis longtemps parmi nous, pour la préparation de ces substances; savoir: 1.° en état de siccité et réduites en poussière; 2.° en état de terreau; 3.° en mélange avec d'autres substances solides; 4.° enfin, en vert, dénomination qu'on leur donne, en quelques lieux, quand elles viennent d'être retirées des fosses. Ensuite, je laisserai à chacun le soin d'établir quelque comparaison, entre nos méthodes et les méthodes pratiquées au-delà des monts, pour décider après, à égale condition de chose, lesquelles dans les deux pays doivent obtenir la préférence.

Chaque famille, dans *Ascoli*, en commençant par la plus riche et la plus illustre, jusqu'à la plus pauvre et la plus obscure, se forme une branche particulière de revenus avec l'industrie dont elle fait usage en ce pays pour la manière de préparer les substances stercorales de l'homme. Chaque famille possède, dans un souterrain, une fosse grande et profonde, au fond de laquelle elle réunit tout ce qui provient des lavures de ménage, les urines et toutes les autres immondices fluides. Au fond de cette fosse, ils jettent encore toutes les balayures de la maison, avec les déjections et les litières des jeunes porcs que chaque famille a coutume d'élever pour les besoins du ménage. Quand ils tiennent, pour leur service, des ânes, des chevaux et des mulets, ils y réunissent les fumiers de ces animaux. Outre cela, ils y mêlent encore la paille de grains et les débris de gousses de maïs, après qu'elles ont servi de paillasse pour la famille. Ceux qui sont plus désireux d'augmenter la masse des fumiers, achètent les feuilles de châtaigniers et de peupliers, que les pauvres ramassent l'hiver. Ils tournent et retournent plusieurs fois ces amas, en les retirant de la fosse, de manière que, vers la fin de janvier, ils les trouvent réduits à une égale consommation, et prêts à être convertis, presque en totalité, en une menue poussière. Dans cet état, ils les répandent par petits monceaux, dans toute la cour, jusqu'aux portes des maisons, les amassent ensuite en monceaux plus gros, pour les recueillir dans des sacs, afin qu'il ne s'en perde pas dans le transport sur les champs. Cet amendement est ordinairement employé dans les champs destinés aux chanvres, à l'instant que la terre vient d'être retournée par les bœufs ou avec la bêche à deux dents, cet instrument qui est employé, de préférence, par le laboureur expérimenté. Quand les cultivateurs ont semé le chanvre, ils répandent un autre mélange qu'ils entremêlent de fientes de pigeons et d'autres volatiles. Mais personne, dans les environs, ne prend soin d'imiter les habitants d'*Ascoli*.

Dans le *Bolonais*, et principalement dans les environs de la ville, les habitants retirent les résidus des retraits et les conservent dans des réservoirs, établis pour cet usage, et les conduisent ensuite dans les champs. Avec une manière de cuiller en cuivre, ils les répandent sur le champ dans de petites rigoles disposées pour les écoulements. Ailleurs, ils laissent les monceaux sans jamais y toucher, jusqu'à ce qu'ils soient parfaitement secs, et ensuite ils les rentrent dans un lieu couvert. Cette opération se fait pendant le cours de l'été. Dans l'hiver, ils vident toutes ces matières stercorales dans une espèce de cuve qu'ils nomment la *grande barque*, et qui est entourée de petits murs. Ils les y laissent jusqu'au retour de la saison nouvelle, c'est-à-dire, jusqu'à ce qu'elles puissent être desséchées en totalité. Parvenues à un état complet de siccité, et converties en poussière, ces substances sont répandues sur les champs à chanvre. Les cultivateurs en trouvent les effets très-avantageux, quoiqu'ils ne soient pas de longue durée. Cette poussière est, quelquefois, vendue jusqu'à trois livres d'*Italie*, le boisseau de *Bologne*, ce qui fait qu'elle revient à peu près à six livres de *Bologne* le haquet, quand, liquide, elle est à peine retirée de la fosse, c'est-à-dire, quand elle est en vert. Dans cet état, ils lui donnent le nom d'égout. *Tanara* nous apprend que, de son temps, les habitants de *Bologne* se servaient de cet engrais pour obtenir d'excellents et gros oignons.

Dans les campagnes, auprès de *Lucques*, et d'autres lieux de la *Toscane*, il existe aussi cet usage de recueillir les déjections de l'homme, dans des réservoirs murés, ou des fosses qu'ils nomment *puisards*, *bottes*, *cloaques*. Ces réservoirs doivent être enduits dans l'intérieur et clos à la partie supérieure de manière que rien ne se perde de cet engrais, et que les eaux pluviales ne puissent pénétrer. Ils y conservent ces matières jusqu'à ce que le puisard soit plein. Ensuite, les agriculteurs qui cultivent une très-grande étendue de champs, et qui possèdent des réservoirs plus vastes pour recueillir les matières indiquées ci-dessus, sont ceux qui obtiennent les meilleurs engrais, parce qu'il est prouvé, par l'expérience, que plus longtemps les engrais séjournent dans les fosses, plus les engrais acquièrent d'énergie. Les laboureurs les emploient ordinairement tels qu'ils sont, étant retirés des puisards :

et, seulement, dans quelques cas, que nous indiquerons ci-après, ils sont délayés dans de l'eau. Ils ne les laissent pas sécher et se réduire en poudre. Ils prétendent que ce serait une pure perte, parce que ce terreau doit être ensuite détrempé, pour agir sur la végétation. Quand on se sert de ces matières à l'état de fluidité, l'on y ajoute quelquefois un peu d'eau. Cette mixtion a lieu quand on veut les appliquer à quelque plante dont on ne croit pas nécessaire de trop hâter la végétation. C'est ainsi que, pour les jardins, on y met de l'eau. En ajoutant le double du volume en eau, on arrose plus souvent. Les plantes des jardins surtout (et c'est à un pareil engrais que les plantes potagères de la *Toscane* doivent une grande partie de leur faveur) et toutes les céréales profitent prodigieusement par l'usage de cet engrais liquide. C'est avec cet engrais que les cultivateurs de *Lucques* obtiennent les récoltes les plus abondantes de maïs cinquentin, qu'ils retirent des champs où ils le sèment dès que le froment est enlevé. Mais, au temps de la première sarclure de ce maïs, ils le répandent en bonne dose au pied de chaque plante, et ensuite ils répètent les bêchures, autant de fois que la plante en a besoin. Le chanvre est aussi fumé avec de la matière des puisards, à laquelle l'on a ajouté quelquefois une quatrième partie de fumier de colombier. Cet amendement est très-puissant, pour cette plante textile. Si l'on veut fumer ensuite le terrain que l'on destine à la culture des oignons, on mêle cet engrais à un égal volume de fumier de bœuf, et mieux encore de cheval, et l'on se sert souvent de cette méthode pour les champs à grains, surtout quand ils ont été fumés avec des engrais peu actifs. On vend l'engrais des déjections de l'homme 5 livres 50 centimes d'*Italie*, à raison de 418 livres pesant, poids d'*Italie* ; c'est-à-dire, un écu de *Lucques* le tonneau, ce qui équivaut à 10 paules et un quart de *Florence*, pour environ 3,000 livres, poids de *Florence*. On sait que, outre ces matières, on jette encore dans les cloaques toutes les urines et très-souvent encore les eaux et les lavures des vases de nuit, ce qui rend plus liquides ces substances.

Autrefois, les *Lucquois* achetaient tous les puisards de *Pise*. Aujourd'hui, je suis certain que les habitants de *Pise* font usage de ce liquide, en totalité. Ils n'attendent pas qu'il soit mûr pour l'employer ; à peine retiré du puisard, cet engrais est mêlé avec beaucoup d'eau, sans aucun préjudice pour les plantes, qui ne contractent pas de mauvaise odeur.

On recueille cet amendement, dans les campagnes de *Macerate*, dans de grandes cuves, établies à l'entrée des retraits publics. Au dedans, s'écoulent encore les urines et les eaux pluviales. Les jardiniers se servent de la partie liquide pour l'arrosement des légumes. Après quelque temps, ces matières non encore délayées sont répandues pour fumer les grains, les chanvres, les lins, et même les arbres.

Cet engrais, dans la *Toscane*, est employé pur. Quelques laboureurs s'en servent à l'état liquide, pour humecter les sucs non décomposés qui activent la végétation. Bien qu'il agisse énergiquement sur chaque qualité de terre, l'on a observé qu'il réussit beaucoup mieux dans les terres fortes, que dans les terres légères. Auprès de *Florence*, cet engrais est mis en usage pour les semailles du grain, mais plus encore pour les jardins. J'ai vu des jardiniers transplantant des choux, creuser autour de chacun une petite fosse circulaire, et verser dedans, avec un instrument fait exprès, l'engrais liquide qu'ils recouvraient de terre aussitôt. Avec ce procédé, les choux réussissaient parfaitement bien.

Les jardiniers, à *Ravennes*, jettent l'engrais qu'ils retirent des retraits dans des fosses qu'ils ont creusées pour le déposer. Ils le laissent ainsi renfermé l'espace de deux ans. Après cette époque, ils le trouvent réduit à l'état de terreau. Ils le retournent alors cinq ou six fois dans l'espace de cinq ou six jours, durant lesquels il reçoit l'impression de l'air; et de cette manière la décomposition s'opère si bien, qu'il est impossible de reconnaître aucun vestige de leur nature première. Dans cet état, il n'a plus aucune odeur. Il est employé dans les fosses qu'ouvrent les jardiniers pour la culture des laitues, du fenouil, du persil et des choux. Quand on sème ces différentes espèces de plantes potagères et que le jardinier expérimenté remarque qu'elles sont à l'instant de lever, il répand ce terreau en légères couches sur le semis. Ensuite, si la saison se montre aride, sèche, il arrose le matin avant le lever du soleil, et le soir, quand le soleil a cessé de paraître. Pour obtenir cet avantage, il place toujours le semis de légumes non loin du puits, afin de se procurer de l'eau plus facilement.

Les stercorations humaines, dans le *Bresciau*, portent le nom de *savarone*. Les habitants creusent, au milieu d'un champ, une fosse profonde de trois pieds, où ils étendent cette matière pour qu'elle puisse se mûrir jusqu'à l'entrée de l'hiver. Quand elle est sèche, ils en emploient environ 8 voitures par chaque *pio* (18 ares) de prairie naturelle, avec un fort grand succès.

Les laboureurs, dans le *Bergamasque*, font usage de cette sorte d'engrais, mais bien pulvérisé. Ils ont coutume de le mêler avec de la terre qu'ils retirent des fosses, et qu'ils font sécher auparavant.

Cet engrais, dans les environs de *Côme*, et dans quelques autres lieux, est plus recherché pour les prairies et surtout pour les jardins. On le répand, sur les prairies, sans aucune espèce de préparation, sinon que de l'avoir laissé quelque temps dans la fosse.

A *Milan*, les jardiniers, et particulièrement hors la porte de *Tanaglia*, entrent la nuit, pendant un certain temps, dans la ville, pour vider les retraits ; ils transportent les résidus et les versent dans de vastes fosses qu'ils creusent, à cet effet, dans le milieu d'un champ : et là, ils les laissent mûrir en y mêlant les balayures des places et des rues de la ville, et ils en forment un excellent engrais. Quelquefois, ils en font usage dès qu'il est tiré des retraits ,c'est-à-dire à l'état liquide ; mais ils ont la précaution d'y ajouter beaucoup d'eau.

En d'autres lieux, les cultivateurs préfèrent mêler cet engrais à des substances fossiles, dès qu'il est retiré des fosses. A *Côme*, où il est mélangé avec de la chaux, il est aussi employé dans un court espace de temps. Le très-illustre docteur *Mocchetti* se plaignait de ce que peu de cultivateurs ne fissent usage d'une telle pratique, parce qu'il n'en est pas de meilleure pour obtenir le plus grand succès de cet engrais.

Au contraire, dans les environs de *Modène*, ils y mêlent seulement du plâtre : et comme les cultivateurs, dans ce pays, font un très-grand usage de cette sorte d'engrais, il est nécessaire que l'on sache la manière dont ils l'emploient. Dès l'instant qu'une police régulière fut établie à *Modène*, l'administration municipale fit exécuter avec soin, sous la surveillance d'un entrepreneur, l'expurgation des cloaques et des retraits, vulgairement nommés *budrione*, d'où elle retirait, tous les trois ans, les résidus. Cette opération avait lieu pendant la saison froide, et aux heures de nuit. Le transport s'opérait au moyen de chariots couverts destinés à cet usage. Ces matières étaient déposées, hors de la ville, sur des lieux indiqués. Là, on disposait une enceinte circulaire formée de fumiers d'étable peu consommés, de balayures, de plâtras et d'autres semblables matières de nature à contenir le liquide, et après quelques jours de repos, l'on y mêlait le plâtre dépouillé des débris des autres substances et passé à travers un crible. On devrait, selon quelques personnes, laisser écouler un an, à partir du jour de l'extraction de ces matières des retraits, jusqu'à l'instant qu'elles sont mises en usage. Mais, pour l'ordinaire, ce délai n'est pas observé, et c'est pour cela que l'on n'en obtient pas tout le succès que l'on en pourrait espérer. Je tiens d'un agriculteur qui emploie cette matière fraîche, en la mêlant comme il est ci-dessus rapporté, qu'il en trouve un fort bon résultat. Les jardiniers en font usage pour les melons, et la déposent sous la forme liquide, dans les trous, avant de semer les graines. C'est, en outre, un excellent amendement pour les fenouils. Mélangées avec de l'eau, et après avoir macéré, les matières sont employées avec succès sur les prairies et sur les champs, lorsque ce mélange est récent. Trois charretées suffisent par chaque *biolca* (20 ares) de prairie, en répandant légèrement dessus, et quatre pour une *biolca* de terre en labour. Bien que ces engrais puissent être appliqués en automne, on pense généralement que le cultivateur doit préférer le printemps, quand ils sont mûris. Un tel amendement est suffisant, étant appliqué de trois ans en trois ans, plutôt que s'il était donné plus faible chaque année. Si la dose est trop forte, la terre souffre. A *Modène*, la voiture est vendue 10 paules, c'est-à-dire 10 livres 45 centimes d'*Italie*, quand cet engrais est de bonne qualité. Ce prix, aujourd'hui, est quelquefois double; mais ce qui est fâcheux, c'est que l'engrais est moins bon, parce que l'entrepreneur en augmente la quantité par les balayures des places et des rues, auxquelles se mêlent une grande quantité de sables.

Les cultivateurs, dans le *Frioul* et dans les autres pays des environs, enfouissent les déjections humaines au milieu des fumiers. Il me semble que cette coutume est inférieure aux autres; mais il faut remarquer qu'ils ne pratiquent cette méthode que pour répandre les engrais dans un champ à grain, tandis que pour les prairies cet engrais est employé sous la forme liquide et sans mélange d'eau. Ils s'en servent de la sorte dès que les matières sont tirées des retraits. L'opération a lieu de préférence dans les mois de février et de mars. Cet amendement profite bien plus aux terrains sablonneux qu'à tous les autres. Dans les départements de la *Brenta* et du *Tagliamento*, les habitants recueillent ces matières dans de grandes fosses;

quelques-uns y ajoutent les balayures des maisons et des rues. Ils laissent ce mélange fermenter plusieurs jours avant de l'employer comme engrais.

Malgré tout le mépris que j'ai vu faire à certaines personnes de ces matières stercorales, je pense que, dans notre Péninsule italique, on peut refaire le calcul de *Middleton* et le trouver fort exact de vérité. *Middleton* est persuadé que l'*Angleterre* laisse perdre 99 pour % de ce précieux et inappréciable amendement. Les Anglais, pour l'ordinaire, ne font usage de cet engrais que dans les environs des villes. Si les habitants, dans les fermes, dans les maisons de campagne, dans les villages et dans les bourgs, recueillaient cette sorte d'engrais, combien n'accroîtraient-ils pas la masse de leurs fumiers, la culture de leurs champs et en même temps la source de leur bien-être (1)?.... Je dois prévenir, quand les matières sont sèches, qu'il faut les répandre sur le terrain à l'instant que commence la végétation de la plante que l'on veut amen-

---

(1) Ces déjections, dont l'agriculture retire des avantages étonnants dans plusieurs provinces, sont rejetées dans d'autres, ou du moins abandonnées et négligées, et la perte qui résulte de cette incurie est incalculable. Avec une population comme celle que nourrit la France, c'est s'en tenir à une évaluation très-modérée, dit un agronome, que de porter à 100 *millions de francs* la valeur des déjections humaines ainsi perdues, et cela à un prix où on aurait de l'avantage à les acheter pour l'agriculture ; d'où l'on pourrait conclure que le surcroît de produits que ces matières procureraient serait au moins de 150 *millions*. (Traité théorique et pratique des Amendements et des Engrais, par M. E. Martin, à Paris, 1829.) (*Note du traducteur.*)

der. Cet engrais est encore plus convenable dans les jardins, lorsqu'il est employé à l'état liquide pour les plantes potagères, dont il augmente la beauté et la saveur. Bien que, dans l'assertion de ce fait, j'aie été confirmé par des personnes dignes de foi que cet engrais récemment retiré de la fosse ne peut nuire aux végétaux, encore sera-t-il plus utile quand il aura mûri et sera mêlé avec de la chaux, ou du moins abondamment mixtionné d'eau. Il est plus avantageux d'en faire l'application aux terrains froids et souvent irrigués. On doit l'employer de préférence dans la culture des plantes annuelles. La nature du terrain et la qualité des plantes peuvent seules déterminer la dose. Mes expériences, peu nombreuses il est vrai, m'ont néanmoins convaincu, jusqu'à présent, que cet engrais doit toujours être employé liquide, et que, dans cet état, il est excellent et principalement pour la culture des choux.

CHAPITRE XXXVI.

De la suie.

Cette matière, qui était anciennement employée pour l'amélioration des vieilles prairies couvertes de mousses, n'a jamais discontinué de servir au même usage, et même il n'est point de pays, en ce moment, qui n'en fassent la recherche pour cet objet. Les habitants, dans le *Frioul*, ramassent la suie en grande quantité et la déposent dans un lieu sec, bien couvert, jusqu'en février, et la répandent, au commencement d'avril, sur les prairies argileuses. Ils en font une application avantageuse au blé de *Turquie* et au trèfle. Dans le *Vicentin* et même encore dans le *Brescian*, ils répandent la suie sur les prairies naturelles; mais ils préfèrent de la jeter sur les prairies artificielles non irriguées, en versant de six à huit sacs par *pio* vers l'entrée du printemps, après l'avoir conservée en monceaux pendant l'hiver. Les laboureurs du *Véronèse* l'achètent des ramoneurs, à un prix très-élevé, pour en saupoudrer les prairies irriguées. La suie, dans les environs de *Côme*, sert d'amendement aux prairies fangeuses et couvertes de mousses. Ailleurs, beaucoup d'autres personnes la déposent dans les jardins qui abondent en insectes, parce qu'elles ont observé que cette substance les détruit presque en totalité. Elle sert à *Cezenate* d'amendement aux champs à chanvre. Mais il est aussi quelques cantons dont les habitants négligent d'en faire usage et qui l'incorporent au demeurant des autres fumiers. L'une et l'autre pratique sont vicieuses. Les chimistes nous assurent que la suie, qui contient une grande masse de calorique, est un amendement excellent pour les terrains froids, et les faits nombreux que j'ai rapportés dans ce chapitre, me prouvent assez que les agriculteurs sont convaincus de ces qualités. Incorporée dans une grande masse de fumier, la suie ne produit plus le même effet en lui communiquant sa matière calorique. Les jardins peuplés de hannetons et autres insectes, peuvent fournir les moyens, à un habile horticulteur, de vérifier par lui-même si la suie peut réellement détruire ces insectes. Il serait à désirer que quelque savante Société d'Agriculture fît tenter des expériences à cet égard.

Sir *Arthur Young* nous assure que la suie répandue

sur le froment faible, jaune et grêle au printemps, le rend plus vigoureux et lui redonne une belle couleur verte. Il fixe la dose qu'on doit répandre de 40 à 50 *bushel* par acre, ce qui produit un chiffre de 14 à 17 par *tavola*, ou environ la moitié d'une *tornatura* (hectare). Tous ces calculs méritent encore la peine d'être vérifiés. Celui qui a expérimenté cet utile amendement, nous prévient d'en faire l'application seulement aux terrains quand ils sont humides; sinon, en le répandant sur un sol brûlant, il courrait le risque de faire périr les plantes.

CHAPITRE XXXVII.

Des Cendres.

Notre compatriote *Gallo* donne de grands éloges aux habitants de *Côme*, parce qu'ils ont l'habitude d'amender leurs prairies avec des cendres nouvelles, et d'en déposer encore aux pieds des vignes. Au contraire, dans le *Cremonais*, ils font servir au même usage les cendres retirées de la lessive, et les répandent vers le jour de la Nativité (25 mars). Cette pratique est encore suivie dans le *Brescian*, où ils emploient les cendres pour les vignes. L'usage des cendres nouvelles, de même que des cendres lessivées, est indistinctement employé dans le *Frioul*. Il est vrai qu'ils font recuire les cendres lessivées en les plaçant sous le feu. Quelquefois ils ajoutent aux cendres de la suie, et répandent ce mélange vers le mois de février, aussi bien sur les prairies naturelles que sur les prairies artificielles. Les *Toscans* forment des composts de cendres lessivées qu'ils nomment cendrées, et les destinent aux lieux plantés de figuiers. Ailleurs, les cendres sont répandues sur les artichauts. Tous les laboureurs qui ont fait des applications de cendres à des fonds argileux, en ont trouvé un fort bon résultat, comme ils devaient s'y attendre. Les cultivateurs, dans le *Macerate*, en font usage dans les terrains plantés en roseaux, aussi bien que dans les terrains plantés en arbres à fruits.

Cette substance toutefois n'est pas employée aussi généralement qu'on le pourrait. Le plus souvent, elle est réunie au reste des masses de fumiers. Comme il est certain qu'elle contient des éléments aptes à diviser les molécules des terres fortes et compactes, c'est dans ce but qu'il faut principalement s'en servir. Ceux qui possèdent des prairies situées dans un lieu bas, et dans lesquelles croissent des joncs et qui sont couvertes de mousses, pourront, suivant les préceptes des anciens, les couvrir de cendres. Il faut faire attention que les susdites plantes n'aient pas de fortes racines, sinon l'opération ne serait pas favorable. Il n'y a alors d'autre remède à employer que d'y faire passer la charrue et de renouveler la prairie. En lisant le chapitre suivant, l'on acquerra la preuve que les cendres sont un des éléments les plus puissants de fertilité pour le sol.

Je répéterai ici une observation que j'ai faite à plusieurs reprises, en parcourant la montagne. Les prairies voisines des lieux où sont établies les fabriques de charbon, et sur lesquelles il a été répandu de cette poussière, sont toujours plus luxuriantes et se montrent parées d'un vert plus foncé, plus énergique. Les fabricants de charbon pourraient donc retirer un certain profit de cette poussière, si elle était répandue plus fréquemment sur les prairies.

Les cendres sont particulièrement employées dans le *Bergamasque.* Le lecteur doit se rappeler que, sur une dose de poussière de chrysalide de vers à soie, les cultivateurs mêlent deux doses de cendre, auxquelles ils ajoutent une égale quantité de suie. Quelquefois seule, mais mêlée plus souvent avec un peu de terre retirée des fossés, ils ont coutume de la répandre sur les champs et notamment sur les prés avec le plus grand succès. Les cendres sont encore plus utiles pour les trèfles. Les agriculteurs mettent le plus grand soin à éviter les temps pluvieux, parce que l'expérience les a convaincus que, dans les circonstances de pluie, un tel amendement devient inutile, s'il n'est pas même nuisible. On a déjà remarqué quel usage ils font de la chaux. En place de cette dernière substance, ils préfèrent les cendres pour les prés; et, voulant qu'elles soient plus utiles, ils les répandent sur les prés non irrigués.

Il est reconnu que ceux qui possèdent des champs aux pieds de l'*Etna* et du *Vésuve*, ont remarqué que leurs vignes font des sèves plus luxuriantes lorsqu'elles ont été couvertes des cendres que vomissent les volcans de ces deux montagnes. A cet égard, j'ai été récemment informé de cette vérité par une lettre de mon ami M. le directeur *Gagliardo*, que j'ai déjà mentionné plusieurs fois. Quand les cendres des volcans viennent à tomber, loin d'être utiles, elles sont très-nuisibles, parce qu'elles brûlent les feuilles et les jeunes pousses. Les plantes reviennent peu à peu dans la seconde année, et ce n'est que dans la troisième qu'elles se montrent luxuriantes. Les vendanges recueillies dans le cours de l'année 1808 furent très-abondantes, par l'effet de la chute des cendres, dans l'éruption qui fut longue, en 1806. Je laisse à d'autres le soin d'expliquer les causes de ce phénomène, qu'il est important, toutefois, que chacun connaisse.

Cependant, je stimulerai le zèle des amateurs d'agriculture à faire quelques expériences sur un amendement qui est abondant parmi nous, et à examiner les diverses actions des cendres, et qui sont différentes selon la nature des plantes dont elles proviennent. M. *Gautier* assure pouvoir calculer l'action des cendres comme ci-après. Il estime à 100 l'énergie des cendres de buis et de fumeterre; à 70, celle des pois et des vesces; à 30, celle des tiges de maïs et de tabac; à 15, celle de vigne, de genêt, de fougère, de chardon, de bruyère et de tournesol; à 12, celle de bois sain; à 9, celle de charbon de terre; et à 3, celle de tourbe.

CHAPITRE XXXVIII.

Du brûlis des broussailles et de l'incinération des terres.

Le système adopté presque généralement, dans les plaines de l'*Italie*, de séparer les champs par des plantations d'arbres, ne permet pas l'usage de brûler les chaumes sur pieds, comme l'enseigne *Virgile*. Mais se servir de l'action du feu pour rendre la fécondité à certains terrains, et particulièrement dans la montagne et les lieux bas, est une pratique qui, pour avoir été usitée parmi les *Romains*, n'en a jamais été le moindrement employée parmi nous, pas même dans les temps les plus funestes à l'agriculture *italienne*, c'est-à-dire après la décadence de l'empire *romain*. Le plus ancien écrivain sur l'agriculture que nous possédions, après ***Palladio***, est ***Crescenzio***, qui, dans l'avant-dernier chapitre du livre 3, en parlant de la culture du seigle, s'exprime en ces termes, d'après son commentateur :

« Dans les forêts des *Alpes*, les cultivateurs recueillent » tous les petits rameaux des arbres et les coupent; en- » suite, dans le mois d'août, ils les brûlent jusqu'à ce » qu'ils soient tous réduits en cendres, et sur le lieu du » brûlis ils sèment du seigle qui produit une fort bonne » récolte cette année; ensuite, ils laissent cette terre en re- » pos, pendant sept ans, avant de recommencer une sembla- » ble culture. Mais là où il n'y a point de bois ni de forêts, » ils coupent des tranches de gazon à la bêche, les font » sécher et les brûlent après. Parmi ces cendres et cette » poussière ils sèment du trèfle, qui produit une bonne ré- » colte, et ils recommencent cette culture lorsque le champ » a reposé pendant huit ans. » Il est à remarquer que *Crescenzio* faisait l'histoire de l'agriculture de son temps, c'est-à-dire du XIII.e siècle. Mais la première de ces deux méthodes a toujours été suivie dans nos *Apennins*, et même j'en ai été plusieurs fois témoin dans les montagnes qui appartiennent à l'ancienne province de *Reggio*. Quant à la seconde, ils en font usage, depuis un temps immémorial, avec quelques modifications, à *Civago*, lieu attenant à

Minozzo, sur les confins du département même de *Crostolo.* Les cultivateurs construisent des fours composés de gazons levés à la superficie du champ, et, après avoir rempli cette cavité de matières combustibles, ils y mettent le feu. Le feu étant éteint, ils ne renversent ces fours que quand ils sont refroidis, et répandent, sur le champ, ces matières qui produisent de fort belles récoltes; dans beaucoup de lieux du *Piémont*, et même ailleurs, ils construisent les fours avec des *molères*; c'est ainsi qu'ils nomment les pellées ou tranches de terre destinées à être brûlées.

Les habitants brûlent aussi, dans le *Frioul*, les terres compactes et marécageuses, et celles qui sont pleines de racines d'arbustes et d'herbes. Les amateurs de culture, dans cette province, et qui comprennent bien l'art, usent de temps en temps et avec régularité de cette méthode. Ils forment des monceaux avec les débris de ce terrain qu'ils veulent brûler. Au dedans de ces monceaux ils introduisent du bois sec et de petits branchages; puis ils y mettent le feu. Cette opération peut se faire en deux saisons. Les uns préfèrent l'hiver, quand il est sec; sinon le printemps, et sèment promptement le maïs; et les autres, l'été, et dans ce cas ils sèment le froment à l'automne. Ces terrains, sans une pareille préparation, seraient infertiles, ou du moins d'un médiocre produit. Par l'action du feu, ils deviennent plus fertiles. La manière dont les habitants du *Frioul* font usage, pour féconder leurs prés, mérite d'être observée, parce qu'ils suivent à la lettre le conseil de *Caton*, rapporté en ces termes par *Pline*, au chapitre 25 du 18.e livre de ses histoires: « S'il te reste des broussailles, des copeaux et des chaumes, tu les répandras sur ton champ, et après les avoir brûlés et réduits en cendres tu sèmeras du pavot sauvage. » Il y a quelques cultivateurs qui couvrent en hiver leurs prairies stériles de paille et de chaume. Dès qu'il souffle un vent médiocre, ils mettent le feu à ces matières préparées. De la sorte, le cultivateur brûle toute la superficie de la prairie, et l'année suivante elle est revêtue d'une herbe plus belle et plus grande. J'ai observé plusieurs fois ce phénomène, dans les lieux ou par hasard les enfants allument des feux pour se chauffer, vers la fin de l'automne.

La coutume de brûler les champs était plus générale aux temps anciens, dans le *Brescian.* Elle est restreinte aujourd'hui à l'amélioration des fonds marécageux, tandis qu'autrefois elle servait pour convertir les terrains de pâturage en champs à grains. Maintenant mieux conseillés, les laboureurs n'hésitent plus à rompre les vieilles prairies avec la charrue, à les nettoyer avec la herse, et les mettent à l'état d'une terre très-fertile pour le froment. Mais, sur les terrains situés dans les lieux bas, ils brûlent les gazons de la manière suivante : armés de bêches très-acérées, ils lèvent des mottes longues et larges de l'épaisseur de deux ou trois doigts. Exposées à l'air, elles se dessèchent promptement. Ensuite, ils les disposent de manière à construire de petits fours, larges d'un pied et demi, et hauts de plus d'un pied, qu'ils remplissent de paille à laquelle ils mettent le feu. Les laboureurs surveillent, avec une grande attention, autour de ces fours, en sorte que toutes ces constructions soient consumées par les flammes. Ils y apportent cette multitude de soins dont on peut voir les détails dans la seconde des vingt journées de notre compatriote *Gallo* (*Agostino*). Quand ce brûlis est terminé, et que le terrain est refroidi, ils répandent la terre et les cendres très-également sur toute la surface. Ensuite, le champ est arrosé. Après avoir légèrement labouré à la charrue, ils sèment du maïs; et, de la sorte, le rendement est de 15 pour un par chaque pio de terre brûlée.

Cette méthode est aussi employée, aux environs de *Côme* seulement, pour les terrains qui sont totalement remplis de racines, mais d'une qualité bonne et plutôt argilleuse. Dans ces terrains, où ils sèment des trèfles et du blé de *Turquie*, ils recueillent un abondant fourrage.

Sur les plaines dégarnies d'arbres, dans la province de *Macerate*, l'on brûle les chaumes tous les deux ans, sur pied, après avoir eu l'attention de choisir l'instant que le vent souffle quelque peu, et disposant les flammes de manière qu'elles puissent communiquer, très-rapidement, d'un bout à l'autre du champ. Après cette opération, le cultivateur laisse reposer les terres ou il les sème des plantes qui servent de fourrage au gros bétail. Cette pratique, étant judicieusement exécutée dans le *Macerate*, détruit les herbes et les plantes nuisibles, et en même temps une foule d'insectes malfaisants, et rend à ces terres la fertilité, par l'adjonction des cendres.

Dans beaucoup d'autres lieux encore de la *Toscane*, l'on pratique l'incinération. Dans les Maremmes, les habitants brûlent une grande partie des pailles qui restent sur les sillons, après que la moisson a été recueillie, comme aussi les herbes qui croissent spontanément sur les terrains que l'on remet en culture. En d'autres lieux de montagne, comme à *Mugello*, où l'usage des jachères s'est conservé, ils jettent en terre avec le grain la semence de la capraggine (*Gallega Officinalis*), plante qui dure deux ans. Quand le moissonneur scie le blé, la capraggine est à peine élevée de 4 à 5 pouces. A cette époque, ils la buttent, en passant la charrue sur le terrain. Cette plante, dans l'année suivante, devient très-élevée, elle entre en floraison et donne des graines abondantes, qu'elle répand spontanément sur le champ. Après ce temps, elle commence à se flétrir et à se dessécher. C'est alors que le laboureur met le feu, et cultive ensuite ce terrain, sans avoir besoin d'y apporter aucune autre espèce d'amendement.

Comme les journaux et les auteurs étrangers d'agriculture ont, dans ces derniers temps, traité avec un grand détail tout ce qui concerne l'écobuage, qui est précisément la méthode que j'ai employée, et qui est en usage à *Côme*, à *Civago*, et dans le *Brescian*; comme aussi quelques-uns de nos compatriotes qui lisent plutôt les livres d'agriculture étrangère que les nôtres, peuvent croire que cette sorte d'amendement est inconnue parmi nous, j'ai pensé à en former un chapitre à part, quoique j'eusse dû en parler spécialement en traitant du brûlis et des cendres. Comme une grande partie de la montagne italienne pratique, en général, cette méthode, et qu'elle pourrait également être utile dans quelques pays de plaine, il me semble opportun de dire d'une manière plus étendue quels sont les avantages de l'écobuage et les circonstances où il doit être préféré.

Enfin, il ne m'est pas désagréable que l'on sache que cette méthode, que j'ai démontrée être si ancienne en *Italie*, n'a commencé à être connue et mise en usage en *Angleterre* que vers la moitié du XVII.e siècle; et, cinquante ans auparavant, elle avait été introduite en *France*, selon ce que rapporte le célèbre *Arthur Young* dans ses Annales d'Agriculture. Peut-être semblera-t-il inutile que je m'arrête sur ce point, puisque nous n'avons pas, du moins dans le royaume d'*Italie*, de ces vastes étendues de terrains vagues à défricher, et dont se plaignent tant d'autres pays. Mais lorsque nous viendrons à réfléchir aux bénéfices que nous pourrons retirer de l'incinération des terres, nous verrons qu'il y a des circonstances où il est avantageux de s'en servir. 1.° Un pareil amendement profite aux terrains qui, auparavant, étaient imprégnés d'eau, et qui ont pu être desséchés; car le défaut de cette pratique peut rendre inutile ou du moins de presque aucune valeur le desséchement. 2.° Elle convertit, en charbons et en cendres, les racines des végétaux qui empêchent de croître les plantes qu'on cultive. 3.° Elle détruit les insectes. Quelquefois, il peut fort bien se rencontrer certains cas où ce terrain ait besoin de quelques-uns de ces bienfaits. Je sais que l'on a discuté beaucoup, parmi nous, sur l'utilité d'une semblable opération. Très-certainement l'incinération est préjudiciable, et la discussion ci-dessus mentionnée me semble entièrement superflue, quand le sol est léger, qu'il ne produit point d'herbes nuisibles et qu'il n'est point ravagé par les insectes; mais dans les terrains, ou trop compactes, ou trop abondants en herbes (parmi ceux-ci la montagne nous présente le plus grand profil), ou peuplés d'insectes dévastateurs, cette méthode est excellente. Quiconque voudra tenter quelque expérience, qu'il pèle seulement une couche plus profonde que les racines, s'il s'agit de défricher un terrain que l'on veut mettre en culture pour la première fois, avec l'intention de l'alterner, successivement, en pré et en terre arable. Néanmoins, l'on enlèvera beaucoup plus profondément la surface d'un terrain que l'on voudra corriger, parce qu'il est déjà imprégné d'eau. Lorsqu'il s'agit de la destruction des insectes, alors il faudra lever des tranches plus épaisses, en proportion de la profondeur où peuvent se retirer les insectes. Je ne sais, du reste, en quoi, par cette opération, le brûlis peut devenir un amendement avantageux. Le sol étant inciné, le cultivateur y sèmera quelques plantes fourragères qui pourraient convenir, comme les navets et les colzas. Ensuite, il y mettra du blé, qu'il pourra alterner avec quelques légumes ; après y avoir ressemé du grain, le terrain sera remis en pré, culture qu'il conservera pendant 4, 6 et 8 ans. Après cet intervalle, le laboureur pourra de nouveau brûler le champ. J'ai vérifié aussi ce que beaucoup d'auteurs écrivent à cet égard. Au sein des champs, c'est-à-dire dans les lieux où les laboureurs allument de grands feux, on remarque que la végétation dans les années suivantes devient plus vigoureuse. D'après ce que nous venons de dire ici, quelqu'un pourra peut-être prendre une règle pour établir quelque expérience plus profitable. L'ouvrage périodique très-justement célèbre, intitulé *Bibliothèque Britannique*, dans la section consacrée à l'agriculture, offre des particularités et des faits qui méritent d'être connus. Est-ce que l'incinération des terrains ne peut pas être un amendement aussi avantageux pour les fonds que nous nommons communément calcaires et qui sont en grande partie argileux?... Et même ne pourrait-on pas faire encore quelque expérience sur ce terrain ?... Je suis d'avis que la méthode employée dans le *Brescian*, peut convenir, dans la majeure partie des circonstances. Celui qui aurait à sa disposition une grande quantité de combustibles, et dans une année extrêmement sèche, comme l'année 1809, pourrait peler les champs, et, soulevant les tranches, y introduire des combustibles auxquels il mettrait le feu. Mais cette méthode, quoiqu'elle soit la plus prompte, n'est cependant pas la plus économique. On devrait, en outre, savoir que l'incinération n'exclut pas l'usage du fumier.

Le patriarche de l'agriculture italienne moderne, *Camillo Tarello*, dans son recueil, plus connu peut-être des étrangers que de nos compatriotes, établit, comme une règle excellente de cet art, qu'il faut brûler une partie des prés, par une méthode qu'il explique en détail. Lorsque quelques agronomes s'entretenaient avec moi d'une semblable pratique, ils ne savaient me citer que des auteurs étrangers, dont ils outraient encore la manière de procéder. Je vais ici rapporter en détail, tout ce que notre expérimenté connaisseur des travaux rustiques a déjà écrit à ce sujet à la lettre T.

« Celui qui possède des prés susceptibles d'être tran-
» chés et de produire du blé, doit en trancher ou peler
» la quatrième partie, en levant des tranches de gazon.
» Après, il doit brûler les gazons. Quand il aura exécuté

» ce que je lui aurai prescrit, il sèmera du millet, du » seigle, ensuite du froment, plutôt que de charruer et » de semer sans trancher le gazon et le brûler. Entre » l'une et l'autre méthode, il existe une différence aussi » grande qu'entre l'or et l'argent. On retire de l'or en tran- » chant et brûlant le gazon, et l'on ne retire que de l'ar- » gent en semant sans brûler.

» Avec des bêches....... au mois d'avril ou bien de » mai (pour semer d'abord du millet, si l'on peut, et » ensuite du seigle), si le temps est clair et sec, l'on » taille à la surface desdits prés des tranches de gazon » larges et longues, épaisses comme deux doigts, coupées » avec la bêche, de manière que l'une touche à l'autre, » en enfonçant l'outil en terre et dans la croûte autant de » fois qu'il est nécessaire pour tailler régulièrement chaque » tranche de gazon, en faisant à la partie opposée d'autres » coupures, de manière que la tranche entière puisse fa- » cilement s'enlever de terre, et ainsi des autres. Dès que » les gazons sont tranchés, soit sur le lieu même, ou dans » un lieu voisin, d'instant en instant autour du gazon (la » tranche est retournée et sa partie attenante au sol reste » en dessus), on coupe d'autres gazons que l'on dresse » ainsi les uns à la suite des autres, en formant une en- » ceinte circulaire qui demeure en cette position jusqu'à » ce que tous les gazons soient desséchés.

» Ces gazons, tranchés et disposés de la sorte, sont » laissés exposés au soleil, pendant deux, trois, quatre, » et mieux autant de jours qu'il faut pour les sécher mé- » diocrement; et, s'il vient à pleuvoir, les gazons sont » retournés à l'exposition du soleil pour les faire sécher

» et même rissoler. Dès que ces gazons sont secs, les » cultivateurs en construisent de petits fours, les uns en » forme carrée et les autres en pavillon et en cloche large » par la base de deux brasses et d'une hauteur à peu près » pareille. Ils y pratiquent une ouverture large et haute d'en- » viron un pied, à partir de terre. Ils remplissent ces fours » d'un demi-fagot de bois sec, avec un peu de paille; en- » suite, ils posent des gazons au-dessus des premiers, ils » en mettent le double en dehors du four avec l'herbe re- » tournée en dedans. C'est de la sorte qu'ils forment la » première enceinte. Le four et l'enceinte disposés, comme » nous venons de le dire ils y ajoutent d'autres gazons » que l'on coupe et que l'on taille exprès, mais étendus au » soleil avec l'herbe flétrie, et ils continuent ainsi jusqu'à » ce qu'ils parviennent à la voûte du four que l'on a soin » de rétrécir peu à peu. Parvenu au faîte dudit four, dis- » posé en forme de cloche, on laisse une ouverture de » la largeur d'un empan, jusqu'à ce que le feu soit al- » lumé: et, dès qu'il est allumé, ils bouchent l'ouverture » avec une tranche de gazon, de manière que l'herbe soit » au-dessous tournée vers le feu. Un autre gazon bouche » également l'ouverture latérale, afin qu'il cuise mieux » qu'il ne cuit ordinairement, parce que, suivant le dic- » ton de ces villageois, la flamme renfermée est plus ar- » dente. C'est ainsi qu'on fait des uns aux autres, et » comme le feu en sortant au dehors fait une trouée, » après avoir brûlé les tranches de gazon, ils rebouchent » l'ouverture avec d'autres tranches, larges, nombreuses, » qu'ils posent toujours l'herbe retournée dessous, jusqu'à » ce que ces tranches, étant cuites et réduites en cen-

» dres, finissent par tomber en poussière avec les autres » débris. A peine le four est-il tombé, qu'ils retirent des » décombres, avec des fourches à deux doigts nommées » *forelle* dans le *Brescian*, les premières tranches de gazon » placées en double sur le dôme du four abattu et les » mêlent ensemble, avec les autres parcelles de gazon » qu'ils trouvent à l'entour des fours, jusqu'à ce que les » gazons et les débris soient brûlés, et réduits en cen- » dres.

» Dès qu'un four est construit, ils y mettent le feu, et » tandis qu'il brûle ils en construisent successivement » d'autres auxquels ils mettent encore le feu; c'est-à-dire, » qu'ils ne s'arrêtent pas un seul instant dans la fabri- » cation et l'incendie des fours.

» Quatorze ou seize journées, au plus, suffisent pour » peler et mettre en tranches de gazon un pré dont la » superficie est un *campo* (33 ares). La construction des » fours exige quatre journées, et il faut 24 heures pour » brûler les gazons.

» Le cultivateur, pour chauffer lesdits fours, ne brûle » dans chacun que la moitié d'un fagot environ, comme » il est mention ci-dessus, afin que la terre soit non brûlée, » mais cuite. Plus les cultivateurs construiront de ces four- » neaux, plus ils auront de l'avantage, parce que dans plus » de lieux ils cuiront la terre où ces fourneaux seront al- » lumés. Quand ces fours seront rougis et cuits, le cultiva- » teur doit répandre sur la surface du champ la terre cuite » et n'en laisser aucune parcelle. Là où les fourneaux ont » été brûlés, il n'en est pas besoin. Il suffira que le sol » et le fond des fourneaux aient été cuits pendant l'em-

» brasement des gazons, de même qu'il ne faut plus au-
» cun autre amendement, pour donner de la fertilité à
» ces terrains. »

J'ai cité ce fragment, malgré sa longueur, parce que ceux qui connaissent les méthodes inventées, depuis plus de 150 ans, hors de l'*Italie*, peuvent en faire la confrontation avec la méthode italienne. Je le déclare, je n'entends point ici approuver le système de *Tarello*, dans toute son étendue, ni établir en principe qu'un pré formé depuis 15 ans, doit être brûlé, ensuite labouré et semé pendant 5 ans, avant de retourner de nouveau à la culture de pré. Néanmoins, je puis convenir avec lui que les parties brûlées doivent produire avec succès du blé, pendant quatre ans de suite. Mais, il me semble qu'en apportant quelques modifications au système de *Tarello*, ce système peut devenir très-avantageux, dans certaines circonstances.

Notre compatriote *Gallo* nous apprend que, de son temps, quelques laboureurs enlevaient les tranches de gazon à la charrue, manière d'opérer qui paraît offrir un plus grand avantage, sous le rapport de la consommation du bois pour les brûler. Du reste, sans compter l'avantage que possède la charrue d'expédier la besogne plus vite, le travail de la charrue est plus utile que celui de la bêche, puisque le cultivateur ne peut peler la superficie qu'à une profondeur de trois à quatre doigts, tandis que la charrue trouvant le sol en bon état enfonce le soc à une profondeur double pour le moins, et quelquefois triple. De là le sol, étant bien incinéré, reste parfaitement meuble, pendant dix ans, au moins, et devient d'une si grande fertilité, que ce changement produit l'effet le plus surprenant... Il pense aussi que la terre incinérée est excellente pour la culture du blé de *Turquie*, des asperges et des artichauts. Il est certain que l'incinération est l'unique moyen qu'on doit employer pour la destruction des insectes et des plantes parasites.

CHAPITRE XXXIX.

Des algues et autres plantes de mer.

J'avais lu, dans les meilleurs ouvrages de l'économie rustique, qui ont rapport aux engrais, les grands avantages que, dans les lieux maritimes, les laboureurs pouvaient retirer des plantes que la mer rejète sur les rivages, en se servant de ces plantes pour amender les terrains. Personne n'assure si cela se pratique sur le littoral de l'*Italie*. A peine un seul de nos auteurs le fait-il remarquer. Il ne nous restait qu'à gémir sur l'incurie de ceux qui, pouvant se procurer un engrais si précieux, ne se mettent point en peine de le recueillir, quand j'ai appris de science certaine que, si cet usage n'est pas universel sur toute l'étendue du rivage de la mer, il est certain aussi que cette pratique est beaucoup employée ailleurs, dans le royaume de *Naples*, non-seulement à *Otrante*, mais dans tous les pays baignés par la mer Adriatique. Dans les deux provinces de *Barri* et de *Lecca*, les habitants enlèvent les algues que la mer rejette sur le rivage. Lorsque ces débris de plantes sont recueillis en abondance, les paysans les étendent dans les rues où elles puissent recevoir les urines et les autres liquides qui hâtent la fermentation et la décomposition, ensuite ils les jettent sur la masse des fumiers. Ceux qui font le plus le commerce des algues, ce sont les habitants de la province de *Barri*, surtout entre *Barri* et *Barletta*. A *Otrante* principalement, ils font usage de ces herbages décomposés, pour l'engrais des jardins. Suivant les renseignements que m'a transmis le père *Onorati*, voilà la méthode qu'ils pratiquent, dans la *Pouille Pierreuse*, pour opérer la décomposition des algues marines. Les habitants recueillent les algues et les étendent, par couches, dans les environs de la ville de *Barri*, sur les terrains incultes. Sur les couches de plantes marines, ils posent une couche de fumier animal ; ensuite ils jettent dessus une nouvelle couche d'algues, et, en alternant ainsi, ils forment des monceaux fort élevés. Sur la partie supérieure, ils creusent une espèce de bassin, destiné à recevoir les eaux du ciel, et l'eau que verse le bouvier remplit ce bassin de manière qu'elle ruisselle de tous les côtés jusqu'à la base. Après un intervalle de six mois, le monceau est abattu, et la masse se trouvant entièrement décomposée, ils la transportent sur les terres qu'ils veulent engraisser. Dans le cas contraire, si la masse n'est pas décomposée, ils la reforment en monceau, et ils attendent encore pendant six mois. En somme, à l'aide d'un semblable artifice, dans le cours d'une année, les algues, mêlées avec le fumier, sont préparées pour l'amendement des champs. Dans le *Menopoli* et ailleurs, les paysans déposent les algues dans une fosse proche, ou à peu de distance de la mer. Ils y introduisent soit les eaux d'un ruisseau, ou les eaux de la mer, pour hâter la décomposition. Après un an, ils retournent ces matières, sens dessus dessous, et dans la seconde année ils les transportent sur le terrain. Cette seconde méthode n'est pas à préférer à la première, tant par la perte du temps que par la décomposition mal exécutée des algues. Ils ont une autre coutume à *Bitunte*; les habitants font sécher les algues dans une fosse et les brûlent ensuite. Puis, mêlant les cendres avec du fumier animal, ils en forment un excellent amendement pour les oliviers.

M. Presta, dans son traité des oliviers, s'exprime ainsi à la page 77 : « Les algues et les autres herbes marines, comme chacun le sait, sont macérées, brisées et décomposées, souvent par le simple effet du hasard; mais (parmi nous, dans la terre d'*Otrante*) l'algue est fort peu en usage, comme engrais. Si les habitants veulent s'en servir, ils n'en recueillent point une quantité aussi grande qu'ils le devraient, parce que celles de ces herbes que la mer a rejetées sur les rivages et les rochers, sont enlevées et mêlées avec le terrain. Toutefois, elles sont laissées si peu de temps amoncelées avec l'autre fumier, qu'elles n'ont pu, en fermentant si peu, engendrer le calorique nécessaire pour produire la décomposition. *M. Maurice*, au contraire, semble préférer la coutume prescrite par *M. Presta*, assurant que les plantes maritimes perdent tant d'énergie par la fermentation, au point qu'une charretée d'algues et de varechs, récemment retirés de la mer et répandus sur le terrain, produit plus d'effet que deux charretées qui ont fermenté. En cela les algues et autres plantes de mer diffèrent de tout engrais, tant animal que végétal.

Dans les cantons que renferment la marche d'*Ancône*, de *Fermo*, et la province d'*Urbin*, qui sont aujourd'hui divisées en trois départements, mon illustre collègue le docteur *Brignoli*, professeur d'agriculture et de botanique au lycée d'*Urbin*, me fait savoir que l'industrie principale des habitants de ces lieux, dans l'économie des engrais, est due à la diligence qu'ils mettent à recueillir et à conserver, dans un lieu sec et couvert, les algues de la mer et les zostera. Les jardiniers, dans les environs de *Fano*, de *Sinigoglia*, *Ancône*, *Fermo*, et autres petites localités intermédiaires, ne se servent pas d'autres engrais. Leur activité, à enlever tous ces débris, est si grande, que le susdit professeur, dans un voyage qu'il fit pour compléter sa riche collection de plantes marines, ne put rencontrer sur le rivage aucune de ces plantes. Il remarqua que dans ces lieux ils ont aussi la coutume de ramasser des zoophytes.

Les habitants du littoral, dans la *Toscane*, recueillent les plantes qui croissent sur les rivages de la mer, et qu'ils nomment balayures des marais, et écumes de la mer. Ils les déposent par couches, dans les étables, pour servir en guise de litière au bétail, et c'est par cette manière que, dans certaines localités, ils augmentent la quantité de leurs fumiers. Il serait fort à désirer que, dans tous les lieux près de la mer, l'on retirât quelque profit de ces substances. Quelques-uns des habitants, sur différents points, en *Istrie*, recueillent, pour accroître la masse des fumiers, la *Zostera marina*, et l'*Ulva lactuca*.......

....

Aux Croix, 31 août 1845.

NANTES, IMPRIMERIE DE M.me V.e C. MELLINET. — 40,982.

www.ingramcontent.com/pod-product-compliance
Lightning Source LLC
LaVergne TN
LVHW050432160826
845677LV00002BA/680

* 9 7 8 2 3 2 9 6 8 2 5 7 0 *